BEI GRIN MACHT SICH IHR WISSEN BEZAHLT

AF141232

Die elementare n-Ecks-Theorie nach Friedrich Bachmann

Bibliografische Information der Deutschen Nationalbibliothek:

Die Deutsche Nationalbibliothek verzeichnet diese Publikation in der Deutschen Nationalbibliografie; detaillierte bibliografische Daten sind im Internet über http://dnb.d-nb.de abrufbar.

ISBN: 9783346763181
Dieses Buch ist auch als E-Book erhältlich.

Druck und Bindung: Books on Demand GmbH, Norderstedt Germany
Gedruckt auf säurefreiem Papier aus verantwortungsvollen Quellen

Das vorliegende Werk wurde sorgfältig erarbeitet. Dennoch übernehmen Autoren und Verlag für die Richtigkeit von Angaben, Hinweisen, Links und Ratschlägen sowie eventuelle Druckfehler keine Haftung.

Das Buch bei GRIN: https://www.grin.com/document/1298527

Die elementare n-Ecks-Theorie nach Friedrich Bachmann

Bachelorarbeit

im Bachelorstudiengang Mathematik (2-Fächer) der Mathematisch-Naturwissenschaftlichen Fakultät der Christian-Albrechts Universität zu Kiel

Kiel im August 2019

Inhaltsverzeichnis

Bezeichnungen

In dieser Arbeit werden einige individuelle Bezeichnungen verwendet.

$A, B, \dots$	n-Ecke aus der Menge N_n
$0 = (0,0,\dots,0)$	Null-n-Eck
$A = (a_0, a_1, \dots, a_{n-1})$	n-Ecke in Tupelschreibsweise
N_n	Menge aller n-Ecke
$N_{1,n}$	Menge aller trivialen n-Ecke
$N_{0,n}$	Null-Isobaritätsklasse
$x : (a_0, a_1, \dots, a_{n-1}) \rightarrow (a_1, a_2, \dots, a_{n-1}, a_0)$	Operator des zyklischen Weiterrückens
$x^n - 1$	Annulator jedes n-Ecks
$m_A(x)$	minimaler Annulator des n-Ecks A
σ	Abbildung: n-Eck $\rightarrow$ Schwerpunkt-n-Eck
$w_k = e^{i2\pi\frac{k}{n}} = \cos(2\pi\frac{k}{n}) + i\sin(2\pi\frac{k}{n})$	n-te-Einheitswurzel

1 Einleitung

1.1 Motivation

Wer die Geometrie begreift,
vermag in dieser Welt alles zu verstehen.
Galileo Galilei

In der Geometrie beschäftigen sich Mathematiker mit der räumlichen und ebenen Darstellung von mathematischen Gebilden. Insbesondere die n-Ecke verdienen hier eine gesonderte Betrachtung, bilden sie doch die Grundlage jeder höheren Geometrie. Friedrich Bachmann beschäftigte sich im Herbst 1964 mit einer vereinfachten Darstellung von n-Ecken und geometrischen Sätzen über diese, um „zur Belebung des geometrischen Unterrichts einen Gegenstand" vorschlagen zu können. Er entwickelte eine Theorie über n-Ecke, die auf beschreibenden Polynomen der betrachteten Polygone basiert. Mit Hilfe dieser Formeln lassen sich komplizierte Sachzusammenhänge einfacher und elementarer beweisen.

Bachmann stellte seine kleine Theorie der n-Ecke in Vorlesungen, unter anderem an der Universität in Kiel 1967, vor und erntete positiven Zuspruch. Grund genug, die Theorie in dieser Arbeit in ihren Grundzügen darzustellen.

In dieser Ausarbeitung wollen wir uns mit verschiedenen Eigenschaften und Sätzen über Vielecke beschäftigen. Eine Reihe von Sätzen über Polygone lassen sich mit der linearen Algebra beweisen, diese werden wir unter einer anderen Herangehensweise betrachten und alternative Beweise auf Grundlage der n-Ecks Theorie vorstellen. Wir arbeiten dabei mit den Definitionen und Folgerungen von Friedrich Bachmann.

Wir werden uns mit der Eindeutigkeit solcher beschreibenden Polynome und deren Anwendungen und Nutzen für die Betrachtung von Vielecken beschäftigen.

1.2 Vorgehensweise

Im Zuge dieser Arbeit soll zunächst die Theorie nach Bachmann anhand von einfachen Mengen einiger Vielecke erarbeitet und vorgestellt werden. In diesem Abschnitt werden wir Rekursionsformeln und zyklische Abbildungen kennen lernen. Anschließend werden einige elementare Sätze dieser Theorie bearbeitet, unter anderem der Urbildsatz und der Zerlegungssatz. Beide beschäftigen sich mit der Existenz und Eindeutigkeit von Polynomen und passenden Mengen von Vielecken. Diese werden nötig sein, um anschließend Folgerungen zu ziehen, mit denen sich Sätze aus der Elementargeometrie nur unter Verwendung von Faktorzerlegung der Polynome und dem Lösen linearer Gleichungen beweisen lassen. Dabei werden wir uns unter anderem mit dem Propellersatz und einigen Sätzen über Vierecke beschäftigen. Den Propellersatz und einen Satz über Vierecke werden wir zudem mit den Beweisen der linearen Algebra vergleichen, dabei werden wir uns unter anderem der Ausarbeitung von M. Jeger in der Zeitschrift „Elemente der Mathematik" bedienen.

3

Wir werden uns zudem kurz anschauen, wie sich die Theorie von Bachmann stärker vereinfachen lässt, dabei wollen wir diese weiter reduzieren auf die einfachsten, atomaren n-Ecke,
also die n-Ecke, aus denen sich alle anderen n-Ecke aufbauen lassen. Dafür werden wir die
Menge der n-Ecke in drei Fällen betrachten. Dies gründet sich auf den unterschiedlichen zu
Grunde liegenden Körper. In der Arbeit werden wir uns hauptsächlich mit den Primteilern im
Komplexen beschäftige, die Primteiler im Reelen allerdings kurz anschneiden. Wir werden sehen, dass es auf die Primfaktorzerlegung des Polynoms $x^n - 1$ ankommt und wie diese in den
unterschiedlichen Grundkörpern aussieht.

2 Rekursionsformeln und zyklische Klassen

2.1 Einleitende Vereinbarungen

Im Folgenden sei n ein Element aus $\mathbb{N}$, K ein beliebiger Körper, dessen Charakteristik n nicht teilt und V ein ebenfalls beliebiger Vektorraum über K. Die Dimension von V sei ungleich 0. Elemente aus V sind Vektoren oder Punkte und werden mit a,b,c,... bezeichnet. Wir bezeichnen insbesondere mit 0 den Nullvektor aus V.

Definition 1: *Ein n-Tupel $(a_0, a_1, ...a_{n-1})$ von Elementen des Vektorraums V nennen wir n-Eck und bezeichnen es mit A,B,C,... Die Menge aller n-Ecke bezeichnen wir mit N_n.*
Insbesondere bezeichnen wir das Null-n-Eck $(0,0,...,0)$ mit 0.

Es gelten die bekannten Rechenregeln für Vektoren in V. Es gilt also für die Addition von n-Ecken:

$$(a_0, a_1, ...a_{n-1}) + (b_0, b_1, ...b_{n-1}) = (a_0 + b_0, a_1 + b_1, ..., a_{n-1} + b_{n-1}) \tag{1}$$

Wir werden später sehen, dass es ein Hauptziel dieser Arbeit sein wird, komplizierte n-Ecke mit Hilfe von (1) als Linearkombination einfacherer n-Ecke darzustellen.

Die Multiplikation von n-Ecken mit einem Skalar c aus K ist definiert durch:

$$c(a_0, a_1, ...a_{n-1}) = (ca_0, ca_1, ..., ca_{n-1}) \tag{2}$$

Über das Verhältnis der Elemente aus V zueinander, insbesondere über ihre Verschiedenheit, haben wir nichts vorausgesetzt. Es existiert also ein n-Eck A aus N_n mit A=(a,a,...,a). Dieses nennen wir triviales n-Eck, es kann als einpunktige Menge aufgefasst werden. Die Menge aller trivialen n-Ecke bezeichnen wir mit $N_{1,n}$.

Definition 2: *Sei $A = (a_0, a_1, ..., a_{n-1})$ ein n-Eck aus N_n. Wir definieren $a_n = a_0, a_{n+1} = a_1, ...$ mit a_i aus V und $i = 0,...,n-1$. Die Indizes der Elemente aus V werden modulo n gelesen.*

Für den Fall, dass $V = K^2$ nennen wir Elemente aus V auch Punkte beziehungsweise, im Kontext von Tupeln, auch Ecken. Geordnete Paare (a_i, a_{i+1}) nennen wir Seiten und $a_{i+1} - a_i$ Seitenvektoren. Für n-Ecke mit n = 2m lassen sich außerdem Gegenecken a_i und a_{m+i}, sowie Gegenseiten (a_i, a_{i+1}) und (a_{m+i}, a_{m+i+1}) definieren.

Die nachfolgende Arbeit wird den Fokus auf n-Tupel der komplexen Ebene legen, die dargestellte Theorie verlangt eine solche Einschränkung jedoch nicht.

2.2 Rekursionsformeln

Bemerkung 1: Zu jedem n-Eck $A = (a_0, a_1, ..., a_{n-1})$ lassen sich die n-Ecke

$$(a_1, ..., a_{n-1}, a_0), (a_2, ..., a_0, a_1)...(a_{n-1}, a_0, ..., a_{n-2}) \tag{3}$$

bilden. Diese entstehen aus dem gegebenem n-Eck durch zyklische Permutation der Ecken. In dieser Arbeit werden stets nur Mengen von n-Ecken betrachtet, die mit $A = (a_0, a_1, ..., a_{n-1})$ bereits alle n-Ecke nach (3) enthalten. Dies vereinfacht einige spätere Betrachtungsweisen.

Zu jedem n-Eck $A = (a_0, a_1, ..., a_{n-1})$ aus N_n lassen sich Koeffizienten $c_0, c_1, ..., c_{n-1}$ aus K finden, so dass gilt

$$c_0 a_0 + c_1 a_1 + ... + c_{n-1} a_{n-1} = 0 \qquad (4)$$

Die n-Ecke, die die Gleichung (4) erfüllen, bilden eine Lösungsmenge der Gleichung. Wir wollen im folgenden solche Lösungsmengen von n-Ecken betrachten. Allerdings enthält die Lösungsmenge von (4) im Allgemeinen nicht alle zyklischen Permutationen eines n-Ecks nach Gleichung (3). Diese Bedingung wollen wir aber an die hier zu behandelnden Mengen von n-Ecken stellen.

Wir betrachten deshalb ein zyklisches Gleichungssystem bei welchem jede Gleichung jeweils eine Permutation des ursprünglichen n-Ecks repräsentiert.

Es lassen sich also zu jedem n-Eck $A = (a_0, a_1, ..., a_{n-1})$ Koeffizienten $c_0, c_1, ..., c_{n-1}$ aus K finden, so dass sich die folgenden n Gleichungen ergeben.

$$c_0 a_0 + c_1 a_1 + ... + c_{n-1} a_{n-1} = 0$$

$$c_0 a_1 + c_1 a_2 + ... + c_{n-1} a_0 = 0$$

$$\vdots \qquad (5)$$

$$c_0 a_{n-1} + c_1 a_0 + ... + c_{n-1} a_{n-2} = 0$$

Die Menge aller n-Ecke, die das Gleichungssystem (5) erfüllen, enthält mit einem n-Eck $A = (a_0, a_1, ..., a_{n-1})$ bereits alle n-Eck unter (3) und bildet einen Teilraum des Vektorraums V, sowie eine Teilmenge von N_n, die wir im nächsten Abschnitt näher betrachten wollen.

Wir betrachten im Folgenden bevorzugt solche Lösungsmengen von Gleichungssystemen, in denen $c_{n-1} = -1$ gilt. Dann ergibt sich das folgende Gleichungssystem

$$c_0 a_0 + c_1 a_1 + ... + c_{n-2} a_{n-2} = a_{n-1}$$

$$c_0 a_1 + c_1 a_2 + ... + c_{n-2} a_{n-1} = a_0$$

$$\vdots \qquad (6)$$

$$c_0 a_{n-1} + c_1 a_0 + ... + c_{n-2} a_{n-3} = a_{n-2}$$

Der Einfachheit halber schreiben wir (6) rekursiv mit gegebenen Koeffizienten $c_0, c_1, ..., c_{n-2} \in K$ als

$$a_{n-1+i} = c_0 a_{0+i} + c_1 a_{1+i} + ... + c_{n-2} a_{n-2+i} \qquad (7)$$

mit i = 0,1,...,n-1.

Da die Indizes der Elemente aus V modulo n gelesen werden, ergibt sich eine triviale Formel, der alle n-Ecke genügen.

Bemerkung 2: Jedes n-Eck aus N_n erfüllt die triviale Rekursionsformel $a_{n+i} = 1 \cdot a_i + 0 \cdot a_{1+i} + ... + 0 \cdot a_{n-1+i} = a_i$.

2.3 Zyklische Klassen

Definition 3: *Die Lösungsmenge $N_i \subseteq N_n$ eines zyklischen Gleichungssystems (6) mit Koeffizienten $c_0, c_1, ..., c_{n-1}$ aus K nennen wir zyklische Klasse von n-Ecken.*

Beispiel 1: Das Gleichungssystem in Bemerkung 2 wird von jedem n-Eck erfüllt, es gilt stets $a_{n+i} = a_i$ für alle i = 0,1,...,n-1. Die Menge N_n bildet also selbst eine zyklische Klasse, die Klasse aller n-Ecke.

Beispiel 2: Das Gleichungssystem

$$a = 0 \tag{8}$$

hat als Lösungsmenge nur das Null-n-Eck, dieses bildet eine zyklische Klasse von n-Ecken, diese Klasse nennen wir die Nullklasse.

Wir wollen uns nun einige Sätze über die zyklischen Klassen von n-Ecken ansehen.

Satz 1: *Jede zyklische Klasse enthält das Null-n-Eck.*

Beweis: Sei N_i eine beliebige zyklische Klasse die Lösungsmenge des Gleichungssystems mit Koeffizienten $c_0, c_1, ..., c_{n-1}$ aus K ist. Für jedes n-Eck aus N_i gilt dann nach Definition

$$a_{n-1+i} = c_0 a_{0+i} + c_1 a_{1+i} + ... + c_{n-2} a_{n-2+i} \tag{9}$$

Dies gilt insbesondere für das Null-n-Eck 0=(0,0,...,0). Damit ist 0 eine Lösung der Gleichung (9), also ist 0 aus N_i. Da N_i beliebig gewählt war, folgt damit die Behauptung. □

Satz 2: *Enthält eine zyklische Klasse ein von 0 verschiedenes triviales n-Eck, so enthält sie alle trivialen n-Ecke.*

Beweis: Sei N_i eine beliebige zyklische Klasse und die Lösungsmenge der Gleichung (7) mit den Koeffizienten $c_0, c_1, ..., c_{n-1}$. Sei außerdem A = (a,a,...,a) aus N_i ein von 0 verschiedenes triviales n-Eck. Dann gilt:

$$a = c_0 a + c_1 a + ... + c_{n-2} a = (c_0 + c_1 + ... + c_{n-2}) \cdot a \tag{10}$$

Daraus folgt $(c_0 + c_1 + ... + c_{n-2}) = 1$ und Gleichung (10) ist für jedes triviale n-Eck erfüllt. □

Um einen weiteren Satz über zyklische Klassen formulieren zu können, müssen wir uns zunächst den Schwerpunkt eines n-Ecks anschauen.

Definition 4: *Der Schwerpunkt S eines n-Ecks $A = (a_0, a_1, ..., a_{n-1})$ ist definiert als der Punkt $S = \frac{1}{n} \sum_{i=0}^{n-1} a_i$ aus V.*

Jedem n-Eck wird damit das arithmetische Mittel seiner Ecken zugeordnet. Wir definieren eine Abbildung σ von der Menge aller n-Ecke auf die Menge der trivialen n-Ecke:

$$\sigma : N_n \rightarrow N_{1,n}, (a_0, a_1, ..., a_{n-1}) \mapsto \left(\frac{1}{n} \sum_{i=0}^{n-1} a_i, ..., \frac{1}{n} \sum_{i=0}^{n-1} a_i \right) \tag{11}$$

Definition 5: *Das Schwerpunkt-n-Eck eines n-Ecks $A = (a_0, a_1, ..., a_{n-1})$ aus N_n ist definiert durch $\sigma(a_0, a_1, ..., a_{n-1})$.*

Für n = 2 wird der Schwerpunkt auch Mittelpunkt genannt.

Der Schwerpunkt eines trivialen n-Ecks (a,a,...,a) ist das triviale n-Eck selbst, da gilt $\frac{1}{n} \sum_{i=0}^{n-1} a = \frac{1}{n} \cdot n \cdot a = a$.

Bemerkung 3: Die n-Ecke $A = (a_0, a_1, ..., a_{n-1})$ aus N_n für die gilt $\sigma(a_0, a_1, ..., a_{n-1}) = (0, 0, ..., 0)$ bilden eine zyklische Klasse von n-Ecken. Wir nennen sie die Nullisobaritätsklasse $N_{0,n}$

Satz 3: *Eine zyklische Klasse enthält mit einem n-Eck stets sein Schwerpunkt-n-Eck.*

Beweis: Sei $A = (a_0, a_1, ...a_{n-1})$ aus N_i ein beliebiges n-Eck einer beliebigen zyklischen Klasse die Lösungsmenge eines Gleichungssystems mit Koeffizienten $c_0, c_1, ..., c_{n-1}$ aus K ist. Sei außerdem $\frac{1}{n} \sum_{i=0}^{n-1} a_i$ das Schwerpunkt-n-Eck von A. Zu zeigen ist, dass das Schwerpunkt-n-Eck von A ebenfalls das Gleichungssystem der Klasse N_i erfüllt. Es gilt:

$$c_0 \frac{1}{n} \sum_{i=0}^{n-1} a_i + c_1 \frac{1}{n} \sum_{i=0}^{n-1} a_i + ... + c_{n-1} \frac{1}{n} \sum_{i=0}^{n-1} a_i$$

$$= \frac{1}{n} \left(c_0 \sum_{i=0}^{n-1} a_i + c_1 \sum_{i=0}^{n-1} a_i + ... + c_{n-1} \sum_{i=0}^{n-1} a_i \right)$$

$$= \frac{1}{n}(c_0 a_0 + ... + c_0 a_{n-1} + c_1 a_0 + ... + c_1 a_{n-1} + ... + c_{n-1} a_0 + ... + c_{n-1} a_{n-1})$$

$$= \frac{1}{n}(c_0 a_0 + ... + c_{n-1} a_{n-1} + c_0 a_1 + ... + c_{n-1} a_0 + ... + c_0 a_{n-1} + ... + c_{n-1} a_{n-2})$$

$$= \frac{1}{n} \cdot (0 + 0 + ... + 0) = \frac{1}{n} \cdot 0 = 0$$

(12)

Es werden also das ursprüngliche n-Eck sowie dessen Permutationen aufsummiert. Dies ergibt nach Gleichung (5) jeweils 0. Damit ist auch $\frac{1}{n} \sum a_i$ ein Element der Lösungsmenge N_i. $\square$

Satz 4: *Eine zyklische Klasse ist entweder die Klasse aller trvialen n-Ecke oder die Klasse aller n-Ecke mit Schwerpunkt-n-Eck 0.*

Beweis: Sei N_i eine beliebige zyklische Klasse. Dann gibt es 2 unterschiedliche Fälle.

Fall 1: Es gibt ein von 0 verschiedenes triviales n-Eck in N_i. Dies ist insbesondere nach Satz 3 auch dann der Fall, wenn ein n-Eck aus N_i ein von 0 verschiedenes Schwerpunkt-n-Eck hat. Dann sind nach Satz 2 bereits alle trivialen n-Ecke in N_i enthalten. Dies ist die zyklische Klasse aller trivialen n-Ecke.

Fall 2: Alle n-Eck aus N_i haben das Schwerpunkt-n-Eck 0. Das triviale n-Eck 0 ist nach Satz 1 in jeder zyklischen Klasse enthalten. Dies ist die zyklische Klasse aller n-Ecke mit Schwerpunkt-n-Eck 0. $\square$

2.3.1 Beispiele zyklischer Klassen

Wir wollen uns nun noch einige Beispiele zyklischer Klassen ansehen sowie die obigen Erkenntnisse zusammenfassen.

Beispiel 3: Nach Satz 5 bilden alle n-Ecke mit dem Schwerpunkt-n-Eck 0 eine zyklische Klasse. Diese Klasse wir Nullisobaritätsklasse $N_{0,n}$ genannt. $N_{0,n}$ ist die Lösungsmenge des Gleichungssystems $\frac{1}{n} \sum a_i = 0$.

Beispiel 4: Aus Satz 4 folgt, dass die Menge aller trivialen n-Ecke eine zyklische Klasse $N_{1,n}$ bilden. Diese ist die Lösungsmenge des zyklischen Gleichungssystems $a_i = a_{i+1}$

Beispiel 5: Als letztes wollen wir uns eine etwas kleinere zyklische Klasse von n-Ecken ansehen. Dafür setzen wir zunächst n = 4. Ein Viereck $A = (a_0, a_1, a_2, a_3)$ aus dem Vektorraum $\mathbb{R}^2$ nennen wir Parallelogramm, wenn die Summe der Seitenvektoren der gegenüberliegenden

8

Seiten 0 ergibt, also falls gilt

$$(a_0 - a_1) + (a_2 - a_3) = 0 \qquad (13)$$

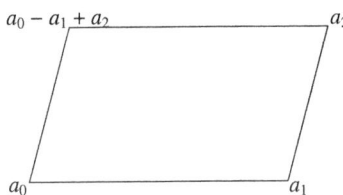

Die nebenstehende Grafik zeigt das nun zu betrachtende Parallelogramm anhand dessen die allgemeine Rekursionsformel dieser zyklischen Klasse hergeleitet werden soll.

Nach Formel (13) bildet die Menge der Parallelogramme die Lösungsmenge der rekursiven Formel

Abbildung 1: Parallelogram

$$a_{i+3} = a_i - a_{i+1} + a_{i+2} \qquad (14)$$

Das zyklische Gleichungssystem eines Parallelogramms lässt sich auch mit Hilfe gegebener Eckpunkte berechnen.

Sei dafür wieder $A = (a_0, a_1, a_2, a_3)$ aus $\mathbb{R}^2$ und $a_0 = (1,1), a_1 = (7,1), a_2 = (8,3), a_3 = (2,3)$.

Nach Formel (7) lässt sich A darstellen als $a_{i+3} = c_0 a_i + c_1 a_{i+1} + c_2 a_{i+2}$

Daraus folgt für i = 0, dass $a_3 = c_0 a_0 + c_1 a_1 + c_2 a_2$. Mit den Rechenregeln für Vektoren gilt:

$$2 = c_0 \cdot 1 + c_1 \cdot 7 + c_2 \cdot 8 \qquad (15)$$

$$3 = c_0 \cdot 1 + c_1 \cdot 1 + c_2 \cdot 3 \qquad (16)$$

Für eine dritte Gleichung wird i = 1 gesetzt. $a_4 = a_0 = c_0 a_1 + c_1 a_2 + c_2 a_3$.

$$1 = c_0 \cdot 7 + c_1 \cdot 8 + c_2 \cdot 2 \qquad (17)$$

Dieses Gleichungssystem lässt sich eindeutig lösen. Es folgt $c_0 = 1, c_1 = -1$ und $c_2 = 1$.

Insgesamt folgt auch hier $a_{i+3} = a_i - a_{i+1} + a_{i+2}$

Parallelogramme bilden eine zyklische Klasse von n-Ecken in V.

9

Exkurs: Die Addition von n-Ecken

In der folgenden Arbeit werden wir n-Ecke mithilfe der eben studierten Rekursionsformeln rein mathematisch addieren. Dies ist von entscheidender Wichtigkeit für die folgende Theorie. Wir wollen uns deshalb in diesem kurzen Exkurs ansehen, was die Addition von n-Ecken geometrisch bedeutet und wie wir uns die entstehenden n-Ecke vorstellen können.

Wir nehmen uns zur Betrachtung der Addition zwei n-Ecke A = $(a_0, a_1, ..., a_{n-1})$ und B = $(b_0, b_1, ..., b_{n-1})$ aus N_n. Wir nehmen zunächst an, dass die beiden n-Ecke A und B den Schwerpunkt 0 haben. Addieren wir diese beiden n-Ecke, so wird der i-te Eckpunkt des n-Ecks A+B gegeben durch den eindeutig bestimmten vierten Eckpunkt des Parallelogramms a_i, 0 und b_i.

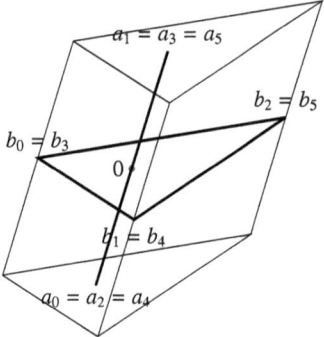

Als Beispiel wollen wir uns in der nebenstehenden Figur zwei n-Ecke für n = 6 ansehen. Wir haben dabei ein dreimal durchlaufendes 2-Eck A und ein zweimal durchlaufendes 3-Eck B jeweils mit dem Schwerpunkt 0. Addieren wir nun die beiden n-Ecke komponentenweise, so ergibt sich ein Prisma mit Schwerpunkt 0.

Abbildung 2: Addition von n-Ecken

Ein Prisma $P = (c_0, c_1, c_2, c_3, c_4, c_5)$ ist in diesem Kontext ein dreidimensionaler geometrischer Körper aus dem Vektorraum $\mathbb{R}^3$ mit $c_0 - c_3 = c_2 - c_5 = c_4 - c_1$.

Für allgemeine n-Ecke ergibt sich der i-te Eckpunkt ebenfalls aus dem bereits genannten Parallelogramm, hier steht der Nullpunkt dann allerdings in keinerlei geometrischer Beziehung zu den n-Ecken A und B.

Es ergibt sich auch bei beliebigen zweimal durchlaufenden 3-Ecken und zweimal durchlaufenden 2-Ecken ein Prisma, da gilt:

$$c_0 - c_3 = (a_0 + b_0) - (a_1 + b_0) = (a_0 + b_2) - (a_1 + b_2) = c_2 - c_5 = c_4 - c_1 = (a_0 + b_1) - (a_2 + b_2) \quad (18)$$

Für den Schwerpunkt jedes durch Addition zweier n-Ecke entstandenen n-Ecks, also insbesondere für den Schwerpunkt des Prismas, gilt $\sigma(A + B) = \sigma(A) + \sigma(B)$.

Die gemachten Überlegungen, lassen sich auf eine Addition mehrerer n-Ecke übertragen. Eine genauere Betrachtung dieses Beispiels werden wir in Abschnitt 4.4 leisten. Dort nehmen wir uns den Zerlegungs- und Urbildsatz zur Hilfe um die gemachten Beobachtungen mathematisch zu beweisen. Hier soll lediglich eine geometrische Betrachtung erfolgen.

10

3 Zyklische Abbildungen von n-Ecken

Die oben gemachten Betrachtungen legen einen Zusammenhang der studierten zyklischen Klassen und gewissen Abbildungen der Menge aller n-Ecke in sich selbst nahe. Dieser Zusammenhang soll in diesem Abschnitt untersucht werden.

3.1 Allgemeine zyklische Abbildungen

Definition 6: *Eine Abbildung $\phi : N_n \to N_n$ nennen wir zyklische Abbildung, wenn es Elemente $c_0, c_1, ...c_{n-1}$ aus K gibt, so dass für jedes n-Eck $(a_0, a_1, ..., a_{n-1})$ aus N_n und sein Bild n-Eck $\phi(a_0, a_1, ..., a_{n-1}) = (b_0, b_1, ..., b_{n-1})$ aus $\phi(N_n)$ gilt:*

$$c_0 a_0 + c_1 a_1 + ... + c_{n-1} a_{n-1} = b_0$$

$$c_0 a_1 + c_1 a_2 + ... + c_{n-1} a_0 = b_1$$

$$.$$
$$.$$ \hfill (19)
$$.$$

$$c_0 a_{n-1} + c_1 a_0 + ... + c_{n-1} a_{n-2} = b_{n-1}$$

Ein n-Tupel $c_0, c_1, ...c_{n-1}$ aus K, dessen Lösungsmenge nach Abschnitt 2.2 eine zyklische Klasse aus N_n ist, ist auch eine zyklische Abbildung der Menge aller n-Ecke in sich selbst. Die Anzahl dieser zyklischen Abbildungen werden wir in Satz 6 bestimmen.

Satz 5: *Die zyklischen Klassen N_i sind die Kerne der zyklischen Abbildungen ϕ_i mit Kern $\phi_i := \{A \in N_i \mid \phi_i(A) = 0\}$.*

Beweis: Sei $N_i \in N_n$ eine zyklische Klasse, also eine Lösungsmenge eines zyklischen Gleichungssystems mit gegebenen Koeffizienten $c_0, c_1, ..., c_{n-1}$ aus K. Nach Formel (5) und (6) sind dies genau die n-Ecke, welche durch die zugehörigen Koeffizienten $c_0, c_1, ...c_{n-1}$ von N_i auf das Null-n-Eck $(0,0,...,0)$ abgebildet werden. Damit ist die zyklische Klasse N_i der Kern der zyklischen Abbildung . $\qquad\square$

Wie oben bereits erwähnt, wollen wir uns nun mit der Anzahl der zyklischen Abbildungen beschäftigen. Dafür schauen wir uns die definierenden n-Tupel aus dem Körper K und deren Eindeutigkeit an.

Satz 6: *Zwei durch n-Tupel $(c_0, c_1, ..., c_{n-1})$ und $(d_0, d_1, ..., d_{n-1})$ mit $c_0, ..., c_{n-1}, d_0, ..., d_{n-1} \in K$ gegebene zyklische Abbildungen ordnen genau dann jedem n-Eck das gleiche Bild-n-Eck zu, wenn $c_i = d_i$ für $i = 0,1,...,n-1$ ist.*

Beweis: $\Rightarrow$ Seien $(c_0, c_1, ..., c_{n-1})$ und $(d_0, d_1, ..., d_{n-1})$ mit $c_0, ..., c_{n-1}, d_0, ..., d_{n-1}$ aus K zwei n-Tupel, welche jeweils eine zyklische Abbildung definieren. Seien diese zyklischen Abbildungen so gewählt, dass sie jedem n-Eck aus N_n das selbe Bild-n-Eck zuordnen. Nach Abschnitt 2.1 ist $V \neq 0$, es existiert also ein Vektor $a \neq 0$ in V. Nach Voraussetzung ordnen die beiden zyklischen Abbildungen jedem n-Eck das selbe Bild-n-Eck zu, also insbesondere dem n-Eck $(a,0,...,0)$. Es gilt also:

$$(c_0 a, c_{n-1} a, ..., c_1 a) = (d_0 a, d_{n-1} a, ..., d_1 a) \qquad (20)$$

11

Wegen $a \neq 0$ folgt aus (20) $c_i = d_i$ für i = 0,1,..., n-1

$\Leftarrow$ Es gelte nun $c_i = d_i$ für i = 0,1,...,n-1. Dann gilt $(c_0, c_1, ..., c_{n-1}) = (d_0, d_1, ..., d_{n-1})$. Daraus folgt bereits die Behauptung. □

Die Anzahl der zyklischen Abbildungen ist also gleich der Anzahl der verschiedenen n-Tupel aus K.

Bemerkung 4: Aus Satz 6 lässt sich keine Aussage über die Anzahl der zyklischen Klassen ableiten, da es unterschiedliche zyklische Abbildung mit gleichem Kern gibt.

3.2 Das zyklische Weiterrücken - Eine besondere zyklische Abbildung

In Bemerkung 1 haben wir bereits gesehen, dass sich aus einem n-Eck $A = (a_0, a_1, ..., a_{n-1})$ auch alle anderen n-Ecke bilden lassen, die durch zyklische Permutation der Ecken von A entstehen. Die Menge der zyklischen Permutationen kann ebenfalls mithilfe einer zyklischen Abbildung beschrieben werden.

Definition 7: *Die zyklische Abbildung x: $N_n \rightarrow N_n, (a_0, a_1, ..., a_{n-1}) \rightarrow (a_1, a_2, ..., a_{n-1}, a_0)$ nennen wir den Operator des zyklischen Weiterrückens.*

Bemerkung 5: Jede zyklische Klasse ist nach Definition invariant gegenüber x.

Durch eine Hintereinanderausführung von x erhalten wir alle n-Ecke die sich durch zyklische Permutation der Ecken ergeben.

Bemerkung 6: Aus Definition 7 ergibt sich:

$$x^2(a_0, a_1, ..., a_{n-1}) = x \circ x(a_0, a_1, ..., a_{n-1}) = x(a_1, a_2, ..., a_{n-1}, a_0) = (a_2, a_3, ..., a_{n-1}, a_0, a_1) \quad (21)$$

Wir werden im Folgen das Bild jedes n-Ecks A aus der Menge N_n unter der Abbildung x mit xA bezeichnen. Die zyklischen Abbildungen gehorchen den üblichen Rechenregeln für Funktionen.

Satz 7: *Für jedes n-Eck aus N_n gilt $(x^{n-1} - c_{n-2}x^{n-2} - ... - c_1 x - c_0)A = 0$*

Beweis: Sei A ein n-Eck aus N_n und x der Operator des zyklischen Weiterrückens wie in Definition 7. Dann gilt:

$$(x^{n-1} - c_{n-2}x^{n-2} - ... - c_1 x - c_0)A$$

$$= x^{n-1}A - c_{n-2}x^{n-2}A - ... - c_1 xA - c_0 A$$

$$= (a_{n-1}, a_0, ..., a_{n-2}) - c_{n-2}(a_{n-2}, a_{n-1}, ..., a_{n-3}) - ... - c_0(a_0, a_1, ..., a_{n-1})$$

$$= (a_{n-1}, a_0, ..., a_{n-2}) - (c_{n-2}a_{n-2}, c_{n-2}a_{n-1}, ..., c_{n-2}a_{n-3}) - ... - (c_0 a_0, c_0 a_1, ..., c_0 a_{n-1})$$

$$= (a_{n-1} - c_{n-2}a_{n-2} - ... - c_0 a_0, a_0 - c_{n-2}a_{n-1} - ... - c_0 a_1, a_{n-2} - c_{n-2}a_{n-3} - ... - c_0 a_{n-1})$$

$$\overset{(5)}{=} (0, 0, ..., 0) = 0$$

□

Für die weitere Betrachtung der n-Ecks Theorie nach Bachmann in dieser Arbeit ist der Operator des zyklischen Weiterrückens unverzichtbar und wird im Folgenden in zahlreichen Variationen genutzt.

3.2.1 Beispiele zyklischer Abbildungen

Wir wollen uns nun einige der Beispiele 1-5 genauer anschauen und den Operator des zyklischen Weiterrückens besser kennen lernen.

Beispiel 6: Die hergeleitete Rekursionsformel der Parallelogramme lautet nach Beispiel 5 $a_{i+3} = a_i - a_{i+1} + a_{i+2}$. Diese Gleichung wollen wir nun durch Umstellen und Einfügen des zyklischen Operators umwandeln. Es gilt zunächst:

$$0 = a_{i+3} - a_i + a_{i+1} - a_{i+2} \tag{23}$$

Wir schreiben das zyklische Gleichungssystem aus (23) mit i = 0,1,2,3 aus und erhalten 4 zyklisch aufgebaute Gleichungen.

$$
\begin{aligned}
I & \quad 0 = a_3 - a_0 + a_1 - a_2 \\
II & \quad 0 = a_4 - a_1 + a_2 - a_3 = a_0 - a_1 + a_2 - a_3 \\
III & \quad 0 = a_5 - a_2 + a_3 - a_4 = a_1 - a_2 + a_3 - a_0 \\
IV & \quad 0 = a_6 - a_3 + a_4 - a_5 = a_2 - a_3 + a_0 - a_1
\end{aligned}
\tag{24}
$$

Die Gleichungen lassen sich wieder zurück führen auf eine Gleichung aus 4-Tupeln.

$$
\begin{aligned}
(0,0,0,0) \\
= (a_3 - a_0 + a_1 - a_2, a_0 - a_1 + a_2 - a_3, a_1 - a_2 + a_3 - a_0, a_2 - a_3 + a_0 - a_1) \\
= (a_3, a_0, a_1, a_2) - (a_0, a_1, a_2, a_3) + (a_1, a_2, a_3, a_0) - (a_2, a_3, a_0, a_1) \\
= x^3 A - A + x A - x^2 A \\
= (x^3 - x^2 + x - 1) A
\end{aligned}
\tag{25}
$$

Parallelogramme lassen sich mit Hilfe des zyklischen Operators darstellen als $(x^3 - x^2 + x - 1)A = 0$. Jedes Parallelogramm genügt dieser Gleichung.

Beispiel 7: Auch die Rekursionsformel von allgemeinen n-Ecken soll umgewandelt werden in eine Schreibweise mit zyklischem Operator. Diese wird für spätere Betrachtungen noch benötigt. Es ist bereits nach Bemerkung 2 bekannt, dass alle n-Ecke aus der Menge N_n der Formel $a_{i+n} = a_i$ genügen. Diese bringen wir zunächst in die Form

$$0 = a_{i+n} - a_i \tag{26}$$

Da wir kein festes n haben, können wir i nicht von 0 bis (n-1) laufen lassen, wie in Beispiel 6. Wir durchlaufen stattdessen die n Ecken eines n-Ecks A aus N_n.

$$
\begin{aligned}
0 & = (a_{i+n} - a_i, a_{i+1+n} - a_{i+1}, ..., a_{i+n+n} - a_{i+n}) \\
& = (a_{i+n}, a_{i+1+n}, ..., a_{i+n+n}) - (a_i, a_{i+1}, ..., a_{i+n}) \\
& = x^n A - A \\
& = (x^n - 1) A
\end{aligned}
\tag{27}
$$

Da wir ein beliebiges n-Eck A betrachtet haben, genügt jedes n-Eck aus N_n der Formel $(x^n - 1)A = 0$. Mit dieser Formel werden wir uns im weiteren Verlauf dieser Arbeit noch intensiver auseinandersetzen.

Beispiel 8: Für jedes triviale n-Ecke gilt $a_{i+1} = a_i$ und damit

$$
\begin{aligned}
0 &= a_{i+1} - a_i \\
&= (a_{i+1} - a_i, a_{i+2} - a_{i+1}, \ldots, a_{i+n} - a_{i+n-1}) \\
&= (a_{i+1}, a_{i+2}, \ldots, a_{i+n}) - (a_i, a_{i+1}, \ldots, a_{i+n-1}) \\
&= xA - A \\
&= (x - 1)A
\end{aligned}
\tag{28}
$$

4 Der Zerlegungs- und Urbildsatz

4.1 Annulatorpolynome

Wir sind in der Theorie nun weit genug vorangeschritten, um uns erste Gedanken über ihre Nützlichkeit zu machen. Um in Abschnitt 6 und 7 beispielhaft einige bekannte Sätze über n-Ecke mithilfe der Theorie von Bachmann zu beweisen, benötigen wir noch einige Begriffe und einfache Folgerungen aus den bereits gemachten Beobachtungen. Zwei der in diesem Abschnitt behandelten Sätze sind dabei von besonderer Bedeutung. Der Zerlungs- und der Urbildsatz. Beide wollen wir uns nun etwas genauer ansehen. Dafür benötigen wir Elemente aus dem Polynomring K[x] unseres Körpers K.

Definition 8: *Ein Polynom p(x) aus K[x], welches ein n-Eck A auf das Null-n-Eck $0=(0,0,...,0)$ abbildet, für das also gilt p(x)A=0, heißt Annullator oder Annulatorpolynom von A.*

Einige Beispiele von Annulatorpolynomen haben wir bereits in Abschnitt 3.2.1 gesehen, insbesondere ist hier das Annulatorpolynom jedes n-Ecks $(x^n - 1)$ aus K[x] mit $(x^n - 1)A = 0$ mit $A \in N_n$ zu nennen.

Bemerkung 7: Eine direkte Folgerung ist dann: Jedes n-Eck hat mindestens ein Annulatorpolynom, nämlich $(x^n - 1)$ aus dem Polynomring $K[x]$.

Für die weiteren Folgerungen verwenden wir die bekannten Definitionen des Grades eines Polynoms sowie des größten gemeinsamen Teilers zweier Polynome. Es werden die bekannten Schreibweisen verwendet.

Satz 8: *Es sei A ein n-Eck aus der Menge N_n, p(x) aus K[x] ein Annullatorpolynom von A und m(x) aus K[x] ein Annullatorpolynom niedrigsten Grades von A. Dann ist p(x) durch m(x) ohne Rest teilbar.*

Beweis: Sei A ein n-Eck aus N_n und p(x), m(x) aus dem Polynomring $K[x]$ Annulatoren von A. Sei m(x) derjenige Annulator von A mit dem niedrigsten Grad. Wir führen einen Beweis durch Widerspruch und nehmen dafür an, p(x) wäre durch m(x) mit Rest r(x)≠0 aus $K[x]$ teilbar. Dann gilt aber $\frac{p(x)}{m(x)} = f(x) + \frac{r(x)}{m(x)}$. Dann wäre allerdings das Restpolynom r(x)=p(x)-f(x)m(x) ebenfalls ein Annulatorpolynom von A und zwar eines, mit niedrigerem Grad als m(x). Dies ist ein Widerspruch zu unserer Behauptung. $\square$

Definition 9: *Das normierte Annullatorpolynom niedrigsten Grades $m_A(x)$ von A heißt der minimale Annullator von A.*

Bemerkung 8: Mit Satz 8 folgt, dass jedes n-Eck A aus N_n nur von solchen Polynomen p(x) aus K[x] annulliert wird, die $m_A(x)$ als Faktor enthalten, die also durch $m_A(x)$ ohne Rest teilbar sind.

Mit den nun gemachten Beobachtungen lässt sich eine Aussage über die Struktur des minimalen Annulators eines n-Ecks machen.

Satz 9: *Die Primteiler des minimalen Annulators eines beliebigen n-Ecks A aus N_n sind aus den Primteilern des Polynoms $(x^n - 1)$ aus K[x] entnommen.*

Beweis: Sei A aus N_n ein beliebiges n-Eck und $m_A(x)$ der minimale Annulator aus K[x]. Nach

Bemerkung 7 wird jedes n-Eck, also insbesondere A, vom Polynom $(x^n - 1)$ erzeugt. Nach Bemerkung 8 folgt, dass $(x^n - 1)$ den minimalen Annulator $m_A(x)$ als Faktor enthält und ohne Rest durch $m_A(x)$ teilbar ist. Daraus folgt, dass die Primteiler des minimalen Annullators aus den Primteilern des Polynoms $(x^n - 1)$ entnommen sind. Wäre dies nicht so, dann gäbe es einen Primteiler des minimalen Annulators, welcher kein Teiler von $(x^n - 1)$ ist. Dann wäre $(x^n - 1)$ aber nicht mehr ohne Rest durch den minimalen Annulator teilbar, dies ist ein Widerspruch zu Satz 8. □

Wir haben uns nun ein wenig mit den Primteilern von $(x^n - 1)$ bekannt gemacht und gesehen, dass diese besonders im weiteren Verlauf der Arbeit noch wichtig werden. Wir wollen uns deshalb noch etwas intensiver mit ihnen beschäftigen.

Definition 10: *Ein Polynom m(x) aus K[x] heißt quadratfrei, wenn es das Produkt von paarweise nicht assoziierten Primelementen p_i aus K[x] ist. Es gilt dann*

$$m(x) = p_1 p_2 ... p_k \tag{29}$$

mit $k \geq 1$ und $p_i \neq p_j$ für alle i,j aus {1,...,k}.

Satz 10: *Ein irreduzibles Polynom p(x) aus K[x] ist genau dann ein mindestens quadratischer Teiler von f(x) aus K[x] wenn p(x) sowohl f(x) als auch die Ableitung f'(x) teilt.*

Beweis: Seien f(x) und p(x) zwei Polynome aus K[x] und sei f'(x) die Ableitung von f(x). Sei p(x) ein irreduzibler Teiler von f(x). Dann existiert ein g(x) aus K[x] mit f(x)=p(x)g(x)

$\Rightarrow$ Sei nun p(x) ein quadratischer Teiler von f(x). Dann gilt $f(x)=p(x)^2 g(x)$. Nach der Produktregel ist f'(x) dann gegeben als

$$f'(x) = 2p(x)g(x) + p(x)^2 g'(x) = p(x) \cdot (2g(x) + p(x)g'(x)) \tag{30}$$

Daraus folgt, dass p(x) auch die Ableitung von f(x) teilt.

$\Leftarrow$ Sei nun p(x) ein irreduzibler Teiler von f(x)=p(x)g(x) und f'(x)=p'(x)g(x)+p(x)g'(x). Dann ist f'(x) durch p(x) teilbar, wenn p'(x)g(x) durch p(x) teilbar ist. Da p(x) nach Voraussetzung irreduzibel ist, muss dann entweder p'(x) oder g(x) durch p(x) teilbar sein. Wäre p'(x) durch p(x) teilbar, so muss, aufgrund des niedrigeren Grades von p'(x), p(x) das Nullpolynom sein oder über einem Körper mit positiver Charakteristik eine p-te Potenz. Beides ist aufgrund der Irreduzibilität von p(x) nicht möglich. Es muss also g(x) durch p(x) teilbar sein und damit ist f(x)=p(x)g(x) durch $p(x)^2$ teilbar. □

Satz 11: *Das Polynom $(x^n - 1)$ ist quadratfrei in K[x].*

Beweis: Wir betrachten $x^n - 1$ über K[x]. Dort ist das Poylom weder eine Einheit noch das Nullpolynom. Ist $x^n - 1$ nicht quadratfrei über K[x] so hat es nach Satz 10 mindestens einen Faktor mit seiner Ableitung $n \cdot x^{n-1}$ gemeinsam, welcher keine Einheit ist. Dies ist nur der Fall, wenn $n \cdot x^{n-1}$ das Nullpolynom ist, also falls $n \cdot 1 = 0$ in K gilt. Aufgrund unserer Grundannahme, dass die Charakteristik von K die Zahl n nicht teilt, gilt aber $n \cdot 1 \neq 0$. Also ist $(x^n - 1)$ quadratfrei in K[x]. □

4.2 Der Zerlegungssatz

Ein Ziel dieser Arbeit ist es, komplizierte n-Ecke mit ebenfalls komplizierten Rekursionsformeln und Annulatorpolynomen mithilfe einfacher n-Ecke auszudrücken. Dafür ist es hilfreich die komplizierten Annulatorpolynome in Einfache zu zerlegen. Wir haben bereits gesehen, dass sich alle minimalen Annulatoren von n-Ecken aus N_n aus Primfaktoren von $(x^n - 1)$ zusammensetzen. Es liegt nahe, sich diese Primfaktoren genauer anzusehen und die minimalen Annulatoren mit diesen auszudrücken. Dafür schauen wir uns nun den Zerlegungssatz an, welcher uns Informationen über die Existenz und Eindeutigkeit solcher Zerlegungen gibt. Der Zerlegungssatz sagt uns auch etwas über die Beschaffenheit der einzelnen Komponenten dieser Zerlegung. Zudem stellt er gemeinsam mit dem Urbildsatz, welchen wir uns in Abschnitt 4.3 ansehen werden, eine Grundlage für die zu betrachtenden Sätze und Beispiele in den folgenden Abschnitt dar.

Lemma 1: *Sind p(x) und q(x) zwei Polynome aus $K[x]$ mit ggT(p(x),q(x))=g(x) wobei g(x) aus dem Polynomring $K[x]$ ist, so kann man stets Polynome $p_1(x), q_1(x)$ aus $K[x]$ finden, mit*

$$g(x) = p_1(x)p(x) + q_1(x)q(x) \tag{31}$$

Beweis: Seien p(x), q(x) und g(x) drei Polynome aus $K[x]$ und sei g(x) der größte gemeinsame Teiler von p(x) und q(x).

Sei nun $\lambda(x)$ das kleinste Polynom aus $K[x]$, für das sich eine Darstellung

$$\lambda(x) = p_1(x)p(x) + q_1(x)q(x) \tag{32}$$

finden lässt. Wegen $g(x)|p(x)$ und $g(x)|q(x)$ gilt: Es existieren $k_1(x), k_2(x)$ aus K[x] so dass gilt:

$$\begin{aligned}\lambda(x) &= p_1(x)(k_1(x) \cdot g(x)) + q_1(x)(k_2(x) \cdot g(x)) \\ &= g(x) \cdot (p_1(x)k_1(x) + q_1(x)k_2(x))\end{aligned} \tag{33}$$

Aus der Gleichung folgt, dass $g(x)|\lambda(x)$, da sich $\lambda(x)$ in Polynome g(x) und $(p_1(x)k_1(x) + q_1(x)k_2(x))$ zerlegen lässt.

Es folgt also, da $g(x)|\lambda(x)$, dass $g(x) \leq \lambda(x)$ und, da $\lambda(x)$ das kleinste Polynom ist, für das eine solche Darstellung gefunden werden kann, dass $g(x) = \lambda(x)$. $\qquad\square$

Wir haben nun alle Voraussetzungen, um uns den Zerlegungssatz anzusehen.

Zerlegungssatz: *Das von 0 verschiedene n-Eck A aus N_n kann in genau einer Weise als Summe von n-Ecken aus N_n, die nicht das Null-n-Eck sind, dargestellt werden, welche Primfaktoren des Polynoms $(x^n - 1)$ aus $K[x]$ als Annullatoren haben.*

Die Primfaktoren von A sind dabei genau die minimalen Annullatoren der Summanden-n-Ecke und ihr Produkt ist gleich dem minimalen Annullator $m_A(x)$ von A.

Beweis: Sei A aus N_n ein beliebiges n-Eck. Wir zeigen zunächst, dass zu einer gegebenen Primfaktorzerlegung von A eindeutig bestimmte n-Ecke existieren.

Dazu nehmen wir o.B.d.A. an, A werde von nur zwei Primfaktoren p(x),q(x) aus $K[x]$ erzeugt. Nach Satz 9 sind dies bereits Primteiler von $(x^n - 1)$.

Da p(x), q(x) prim sind, gilt insbesondere ggT(p(x),q(x))=1. Dann gibt es nach Lemma 1 $p_1(x)$ und $q_1(x)$ so dass gilt:

$$1 = p_1(x)p(x) + q_1(x)q(x) \tag{34}$$

Multiplizieren der Gleichung mit A liefert uns die beiden n-Ecke $B = q_1(x)q(x)A$ und $C = p_1(x)p(x)A$ aus N_n. Damit gilt aber

$$p(x) \cdot B = q_1(x) \underbrace{q(x)p(x)A}_{=0} = 0$$

$$\text{und} \tag{35}$$

$$q(x)C = p_1(x) \underbrace{p(x)q(x)A}_{=0} = 0$$

Es folgt also, dass B und C von den Primfaktoren p(x) bzw. q(x) annuliert werden. Dies sind die Primfaktoren des Annulatorpolynoms von A.

Es sind B und C eindeutig bestimmt. Wären nämlich auch B' und C' n-Ecke, die diese Gleichungen erfüllen würden, so wäre wegen

$$B' = q_1(x)q(x)A = B \tag{36}$$

auch $B'=B$. Dies folgt ebenso für C.

Das Gezeigte folgt analog für mehr als zwei Primfaktoren von A.

Wir zeigen nun, dass die n-Ecke von 0 verschieden sind und die Primfaktoren die jeweiligen minimalen Annullatoren sind. Wir schauen uns zunächst den trivialen Fall an, dass A von nur einem Primpolynom erzeugt wird. A kann dann nicht weiter in Summanden-n-Ecke zerlegt werden. Es ist offensichtlich klar, dass dies automatisch das minimale Annullatorpolynom von A ist.

Sei also $A = A_1 + \dots + A_r$ mit $A_1, A_2, \dots, A_r$ aus N_n, eine, nach dem oben geführten Beweis, eindeutige Zerlegung von A in n-Ecke mit $r \le 2$, deren Summanden-n-Ecke o.B.d.A. der Reihe nach von den Primfaktoren $p_1(x), \dots, p_r(x)$ aus K[x] des zu A gehörigen minimalen Annulatorpolynoms $m_A(x) = p_1(x) \cdot p_2(x) \dots \cdot p_r(x)$ annulliert werden. Es gilt nun für alle i = 1,...,r, dass $A_i \ne 0$ ist. Wäre $A_i = 0$ für ein i, so wäre $A = A_1 + \dots + A_{i-1} + A_{i+1} + \dots + A_r$. Damit wäre dann aber $m_A(x)$ entgegen der Definition des minimalen Annulators und Satz 8 ohne Rest durch $p_i(x)$ teilbar.

Wäre für ein i das Polynom $p_i(x)$ nicht der minimale Annullator von A_i, wäre also $p_i(x)$ darstellbar als $p_i(x) = q(x)r(x)$ mit q(x),r(x) aus K[x], so wäre $m_A(x)$ ebenfalls durch q(x) und r(x) teilbar und entgegen der Definition nicht der minimale Annulator der A erzeugt. $\square$

4.3 Der Urbildsatz

Wir wollen uns in diesem Abschnitt mit Polynomen beschäftigen, die ein n-Eck auf ein anderes n-Eck abbilden. Der Urbildsatz macht Aussagen über die Existenz und Eindeutigkeit solcher Urbild-n-Ecke. Im Anschluss können wir die gemachten Überlegungen im Exkurs zur Addition von n-Ecken mathematisch belegen.

Urbildsatz: *Wird das n-Eck B aus der Menge N_n durch das Polynom p(x) aus K[x] annuliert und sind p(x) und q(x) aus K[x] teilerfremd, so existiert ein n-Eck A aus N_n, welches durch q(x) auf B abgebildet wird, es gilt dann q(x)A=B.*

Beweis: Sei B aus N_n ein beliebiges n-Eck und q(x),p(x) aus K[x]. Sei p(x) das Annulatorpolynom von B. Und sei q(x) ein Polynom, so dass gilt ggT(p(x),q(x))=1. Dann existieren nach

Lemma 1 Polynome $p_1(x), q_1(x)$ aus K[x] mit

$$1 = p_1(x)p(x) + q_1(x)q(x) \tag{37}$$

Multiplizieren mit B liefert:

$$B = p_1(x)p(x)B + q_1(x)q(x)B = 0 + q_1(x)q(x)B = q_1(x)q(x)B \tag{38}$$

Das n-Eck $q_1(x)B = A$ aus der Menge N_n wird dann durch das Polynom q(x) auf B abgebildet und hat die geforderten Eigenschaften. □

Satz 14: *Das im Urbildsatz konstruierte Urbild-n-Eck A aus der Menge N_n von B aus N_n wird vom Annulatorpolynom p(x) von B aus K[x] annuliert und ist eindeutig bestimmt.*

Beweis: Sei A aus N_n das wie im Urbildsatz konstruierte Urbild des n-Ecks B und sei p(x) der Annulator von B aus K[x]. Dann gilt

$$p(x)A = p(x)q_1(x)B = (p(x)B)q_1(x) = 0 \cdot q_1(x) = 0 \tag{39}$$

Es wird also A duch p(x) annuliert.

Sei A' aus N_n ebenfalls ein Urbild-n-Eck von B mit q(x)A'=B. Sei ergibt sich aus

$$q(x)A' = q(x)A = B \tag{40}$$

und

$$p(x)A' = p(x)A = 0 \tag{41}$$

dass $ggT(p(x), q(x))(A' - A) = 1 \cdot (A' - A) = 0$. Und damit A'=A. □

Mit den nun gemachten Folgerungen können wir uns nocheinmal dem Prisma aus dem Exkurs zur Addition von n-Ecken zuwenden und dessen Entstehung mathematisch beweisen.

4.4 Anwendungsbeispiel

Beispiel 9: Wir wollen uns nun noch einmal eine sehr ähnliche Version des im Exkurs bereits betrachteten 6-Ecks ansehen. Es gilt weiterhin die bereits gemachte Definition eines Prismas. Sei also P aus N_n ein Prisma mit $P = (c_0, c_1, c_2, c_3, c_4, c_5)$. Für die Ecken eins Prismas gilt

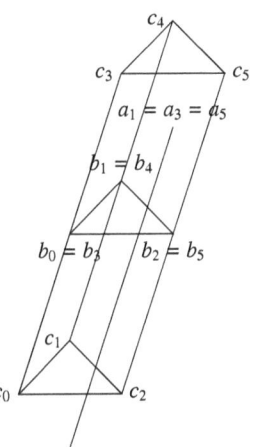

$$c_{i+4} + c_{i+3} - c_{i+1} - c_i = 0 \tag{42}$$

Daraus folgt, dass Prismen von dem Polynom $(x^4 + x^3 - x - 1)$ aus $K[x]$ annuliert werden. Dieses lässt sich zerlegen in die teilerfremden Polynome

$$(x^4 + x^3 - x - 1) = (x^3 - 1) \cdot (x + 1) \tag{43}$$

Mithilfe des Zerlegungssatzes ergibt sich die Existenz von 6-Ecken B, C aus N_n so dass gilt

$$P = B + C \text{ und } (x^3 - 1)B = (x + 1)C = 0 \tag{44}$$

Das Prisma P ist also die Summe eines zweifach durchlaufenden Dreiecks B und eines dreifach durchlaufenden Zweiecks C.

Wir können auf das Prisma P den Zerlegungssatz noch weiter anwenden und die n-Ecke B und C mithilfe des Prismas selbst

Abbildung 3: Beispiel Zerlegungs- und Urbildsatz

ausdrücken. Dies folgt aus dem Beweis des Zerlegungssatzes.

Aus

$$(x^3 - 1) = (x^2 - x + 1)(x + 1) - 2 \tag{45}$$

folgt

$$(-\frac{1}{2}(x^3 - 1) + \frac{1}{2}(x^2 - x + 1)(x + 1) = 1 \tag{46}$$

Nach dem Beweis des Zerlegungssatzes folgt also B=$\frac{1}{2}(x^2 - x + 1)(x + 1)P$ und C=$-\frac{1}{2}(x^3 - 1)P$.
Auch der Urbildsatz lässt sich auf das Prisma anwenden. Nach dessen Beweis hat B das Urbild
$A_u = \frac{1}{2}(x^2 - x + 1)B$ bezüglich (x+1). Es wird also A_u durch das Polynom (x+1) auf B abgebildet.

5 Reduktion auf die atomaren n-Ecke

Mit Hilfe des Zerlegungssatzes aus 4.2 wissen wir nun also, dass sich komplizierte n-Ecke in einfachere Polygone zerlegen lassen. Diese einfachen Polygone wollen wir in diesem Abschnitt etwas genauer untersuchen.

Definition 11: *Eine zyklische Klasse von n-Ecken N_i heißt atomar, wenn sie nicht nur das 0 n-Eck enthält und keine andere zyklische Klasse außer der Nullklasse echt umfasst.*

Wir nennen n-Ecke aus atomaren zyklischen Klassen ebenfalls atomar.

Satz 15: *Die Klasse $N_{1,n}$ der trivialen n-Ecke ist eine atomare Klasse.*

Beweis: Sei $N_{1,n}$ die zyklische Klasse der trivialen n-Ecke. Wir betrachten eine Klasse N_i, die echt in $N_{1,n}$ enthalten sei und damit von $N_{1,n}$ verschieden sein muss, dann gilt $N_i = 0$ und N_i ist die Nullklasse. □

Nach Satz 11 ist $(x^n - 1)$ in unserem betrachteten Polynomring K[x] über K quadratfrei. Habe $(x^n - 1)$ also k Primfaktoren. Das Polynom lässt sich dann schreiben als

$$x^n - 1 = p_1(x) \cdot p_2(x) \cdot \ldots \cdot p_k(x) \tag{47}$$

mit $p_1(x), p_2(x), \ldots, p_k(x)$ aus $K[x]$ paarweise nicht assoziiert und prim.

Satz 16: *Die zyklischen Abbildungen der Polynome $p_1(x), p_2(x), \ldots, p_k(x)$ aus $K[x]$ haben als Kerne die atomaren zyklischen Klassen.*

Beweis: Seien $p_1(x), p_2(x), \ldots, p_k(x)$ aus $K[x]$ die Primteiler des Polynoms $(x^n - 1)$. Wir betrachten den beliebigen Primteiler $p_i(x)$. Für $p_i(x) = (x - 1)$ haben wir die Aussage bereits in Satz 15 bewiesen. Es sei also $p_i(x) \neq (x - 1)$. Und sei N_i die von $p_i(x)$ erzeugte zyklische Klasse, diese enthält nach Satz 4 nicht nur das Null-n-Eck, da sie nach Voraussetzung nicht die triviale Klasse ist.

Wir betrachten eine zyklische Klasse N_m die echt in N_i enthalten sei. Da $p_i(x)$ prim ist, werden beide Klassen von dem Koeffizienten-n-Tupel $(p_1, p_2, \ldots, p_{n-1})$ aus $K[x]$ von $p_i(x)$ erzeugt. Daraus folgt mit Satz 6

$$N_i = N_m \tag{48}$$

Es gibt also keine andere Klasse, die in N_i echt enthalten ist. Daraus folgt, dass die von Primteilern von $(x^n - 1)$ erzeugten zyklischen Klassen atomar sind. □

Eine direkte Folgerung, die wir im Beweis bereits genutzt haben, ist:

Bemerkung 9: Jede atomare zyklische Klasse lässt sich beschreiben durch ein zyklisches Gleichungssystem, dessen Koeffizienten-n-Tupel das Koeffizienten-n-Tupel eines Teilers von (x^n-1) ist.

Satz 17: *Der normierte Teiler $p_i(x) = \frac{1}{n}(x^{n-1} + x^{n-2} + \ldots + 1)$ aus K[x] definiert die (atomare) Nullisobaritätsklasse $N_{0,n}$*

Beweis: Wenn $p_i(x) = \frac{1}{n}(x^{n-1} + x^{n-2} + \ldots + 1)$ aus $K[x]$ eine zyklische Klasse definiert, so ist diese nach Satz 16 bereits atomar, da gilt

$$(x^n - 1) = (x - 1)(x^{n-1} + x^{n-2} + \ldots + 1) \tag{49}$$

Wir müssen also nur zeigen, dass das zyklische Gleichungssystem mit den Koeffizienten des Polynoms $p_i(x)$ eine zyklische Klasse definiert.

Es gilt $p_i(x) = \sigma$ wobei σ die zyklische Abbildung aus Definition 6 ist, die jedem n-Eck ihr Schwerpunkts-n-Eck zuordnet.

Sei A ein beliebiges, nicht triviales n-Eck mit Schwerpunkt 0 aus N_n. A ist also im Kern von σ. Es gilt

$$0 = \sigma A = p_i(x)A \qquad (50)$$

Es sind also alle n-Ecke mit Schwerpunkt 0, die Nullisobaritätsklasse, im Kern von $p_i(x)$. Daraus folgt, dass $p_i(x)$ eine zyklische Klasse definiert. □

Wir können uns nun mit den unterschiedlichen Teilern von $(x^n - 1)$ in den Körpern $\mathbb{C}$ und $\mathbb{R}$ beschäftigen und die jeweiligen atomaren n-Ecke charakterisieren.

5.1 Im Komplexen

Um n-Ecke in $\mathbb{C}$ in atomare n-Ecke zu zerlegen, suchen wir im Folgenden die Nullstellen des Polynoms $(x^n - 1)$ im Körper der komplexen Zahlen. Wir lösen also die Gleichung

$$x^n = 1 \qquad (51)$$

Definition 12: *Sei K ein Körper und $n \in \mathbb{N}$. Dann heißt ein Element $w \in K$, für das gilt $w^n = 1$ die n-te-Einheitswurzel in K.*

Definition 13: *Ein n-Eck $W = (a, wa, w^2a, ..., w^{n-1}a)$ aus N_n mit a aus V, in dem jeder Eckpunkt aus dem vorangegangenen durch Multiplikation mit der Einheitswurzel w hervorgeht, nennen wir w-n-Eck.*

Ist $w = 1$, so ist die Menge der w-n-Ecke die Klasse der trivialen n-Ecke und wird von $(x-1)$ erzeugt. Ist $w \neq 1$, so ist w eine Nullstelle des Polynoms $\frac{(x^n-1)}{(x-1)} = x^{n-1} + x^{n-2} + ... + x + 1$, nach Satz 18 sind damit alle w-n-Ecke für $w \neq 1$ die n-Ecke mit Schwerpunkt 0.

Satz 18: *Enthält K alle n-ten Einheitswurzeln, so sind die atomaren zyklischen n-Ecks-Klassen die Klassen der w-n-Ecke.*

Beweis: Sei K ein Körper und enthalte K die n-ten Einheitswurzeln. Nach Satz 16 werden die atomaren zyklischen Klassen durch die Primteiler von $(x^n - 1)$ definiert. Nach Definition der Einheitswurzeln sind diese die Nullstellen des Polynoms $(x^n - 1)$. Da K alle n-ten Einheitswurzeln enthält, zerfällt des Polynom über K in die Linearfaktoren $(x - w_i)$ mit $i = 0,...,n$. Damit werden in K die atomaren n-Ecke von den zyklischen Klassen der w-n-Ecke erzeugt. □

Wir werden im nächsten Satz die Einheitswurzeln im Komplexen exakt bestimmen und zeigen, dass damit alle Nullstellen von $(x^n - 1)$ gefunden wurden.

Satz 19: *Das Polynom $x^n = 1$ aus K[x] hat im Körper $K = \mathbb{C}$ genau n Nullstellen, nämlich $w_k = e^{\frac{k}{n} \cdot 2\pi i} = \cos(\frac{k}{n} \cdot 2\pi) + i\sin(\frac{k}{n} \cdot 2\pi)$, mit $k = 0,1,...,n-1$ und $w \in \mathbb{C}$.*

Beweis: Sei $K = \mathbb{C}$. Es gilt

$$x^n = 1 = 1 + i \cdot 0 = \cos(k2\pi) + i \cdot \sin(k2\pi) = e^{i2\pi k} \qquad (52)$$

Und damit folgt

$$x = \sqrt[n]{e^{i2\pi k}} = e^{\frac{k}{n} \cdot i2\pi} = w_k \qquad (53)$$

Es gilt außerdem $w_l = w_{l+n}$, da

$$w_{l+n} = e^{\frac{2\pi i}{n} \cdot (l+n)} = e^{\frac{2\pi i l}{n} + \frac{2\pi i n}{n}} = e^{\frac{2\pi i l}{n}} \cdot e^{2\pi i} = e^{\frac{2\pi i l}{n}} \cdot 1 = e^{\frac{2\pi i l}{n}} = w_l \qquad (54)$$

22

Wir haben demnach alle Nullstellen gefunden. □

Wir können $x^n - 1 = 0$ mit Gleichung (53) als Linearkombination von $(x-w_k)$ also als

$$x^n - 1 = (x - w_0)(x - w_1)...(x - w_{n-1}) \tag{55}$$

schreiben. Nach Satz 15 definieren damit die zyklischen Abbildungen der Linearfaktoren die atomaren n-Ecke in $\mathbb{C}$.

Wir wollen uns nun die geometrische Bedeutung der n-ten-Einheitswurzeln in $\mathbb{C}$ ansehen. Diese werden wir auch in Abschnitt 6 und 7 verwenden.

Definition 14: *Eine Abbildung*

$$\epsilon : \mathbb{C} \mapsto \mathbb{C}, a \mapsto e^{i\phi} \cdot a \qquad mit\ a \in \mathbb{C}, \phi \in \mathbb{R} \tag{56}$$

nennen wir Drehung um den Winkel ϕ um den 0-Punkt.

Definition 15: *Eine Abbildung*

$$\xi : \mathbb{C} \mapsto \mathbb{C}, a \mapsto re^{i\phi} \cdot a \qquad mit\ a \in \mathbb{C}, r \in \mathbb{R} \setminus 0, \phi \in \mathbb{R} \tag{57}$$

nennen wir eine Streckdrehung um den Winkel ϕ mit dem Streckfaktor $r \neq 0$ um den 0-Punkt.

Setzten wir $\phi = \frac{k}{n}2\pi$ so wird deutlich, dass in einem w-n-Eck jeder Punkt aus dem Vorangegangenen gerade durch eine Drehung um den Winkel $\frac{k}{n}2\pi$ um den 0-Punkt entsteht. Solche n-Ecke nennen wir *regulär*.

Bemerkung 10: Nach den eben gemachten Definitionen und Beobachtungen können wir bestimmte Einheitswurzeln bestimmten n-Ecken zuordnen. Wir schreiben dann auch $w_{l,n} = \cos(\frac{l}{n}2\pi) + i\sin(\frac{l}{n}2\pi)$ für die Drehung des ersten Punktes aus dem der l-te Punkt eines n-Ecks hervorgeht. Wir werden im Index häufig das n weglassen und dieses als gegeben voraussetzen. Ist n eine bestimmte Zahl, so werden wir dies kenntlich machen.

Im nächsten Abschnitt werden wir uns kurz mit der Zerlegung von n-Ecken in $\mathbb{R}$ beschäftigen.

5.2 Im Reelen

Zunächst sei angemerkt, dass alle Primfaktoren der Zerlegung des Polynoms $(x^n - 1)$ im Reelen natürlich auch ein komplexes Polynom darstellen, da das reele Zahlensystem im komplexen enthalten ist. Ein Primfaktor über $\mathbb{R}$ muss im Komplexen aber nicht unzerlegbar sein.

Offensichtlich ist der komplexe Primfaktor $(x - w_0) = (x - 1) \in \mathbb{R}[x]$ auch ein reeler, der zu den trivialen n-Ecken gehört.

Wir können noch einen weiteren komplexen Primfaktor auf $\mathbb{R}$ übertragen, allerdings nur unter der Voraussetzung, das n gerade und damit n = 2m für ein m aus $\mathbb{N}$ gilt.

Satz 20: *Das Polynom $(x+1)$ aus $\mathbb{R}[x]$ ist für n gerade der reele Teiler $(x - w_{n/2})$ mit $w_{n/2}$ aus $\mathbb{R}$ von dem Polynom $(x^n - 1)$.*

Beweis: Nach Satz 19 hat $(x^n - 1)$ den Teiler $w_{n/2}$ im Komplexen für gerade n. Es bleibt also nur noch zu zeigen, dass $(x - w_{n/2})$ ein reeler Teiler für n gerade ist. Wir setzten als n = 2m. Mit der trigonometrischen Bedeutung von $w_{n/2}$ folgt dann die Behauptung:

$$x - w_{2m/2} = x - e^{i\frac{2m}{2m}2\pi} = x - e^{i\pi} = x - (\cos(\pi) + i\sin(\pi)) = x - (-1) = x + 1 \tag{58}$$

Das Polynom $(x+1)$ ist also ein Teiler des Polynoms $(x^n - 1)$ für n gerade im Reelen. □

Wir werden im nächsten Satz nun alle weiteren Primfaktoren von $(x^n - 1)$ in $\mathbb{R}$ charakterisieren und als reele Polynome darstellen.

Satz 21: *Sei $K = \mathbb{R}$. Außer $(x - 1)$ und für gerade n auch das Polynom $(x + 1)$ aus $\mathbb{R}[x]$ hat $(x^n - 1)$ die Primteiler*

$$(x - w_k)(x - w_{n-k}) = x^2 - 2\cos\left(\frac{k}{n}2\pi\right)x + 1 \qquad k \neq 0, \frac{n}{2} \tag{59}$$

Beweis: Wir setzten K = $\mathbb{R}$. Und definieren die n-ten-Einheitswurzeln w_k wie bekannt.

Wir wollen damit anfangen, zu zeigen, dass die Gleichung (59) stimmt. Dies tun wir über die trigonometrische Darstellung von w_k und w_{n-k}.

$$
\begin{aligned}
(x - w_k)(x - w_{n-k}) &= x^2 - xw_k - xw_{n-k} + w_k w_{k-n} \\
&= x^2 - x(w_k + w_{k-n}) + e^{i\frac{k}{n}2\pi} \cdot e^{i\frac{n-k}{n}2\pi} \\
&= x^2 - x(w_k + w_{k-n}) + e^{i\frac{k}{n}2\pi + i\frac{n-k}{n}2\pi} \\
&= x^2 - x(w_k + w_{k-n}) + e^{i2\pi \cdot \left(\frac{k}{n} + \frac{n-k}{n}\right)} \\
&= x^2 - x(w_k + w_{k-n}) + e^{i2\pi} \\
&= x^2 - x(w_k + w_{k-n}) + \cos(2\pi) + i\sin(2\pi) \\
&= x^2 - x(w_k + w_{k-n}) + 1 \\
&= x^2 - x\left(e^{i\frac{k}{n}2\pi} + e^{i\frac{n-k}{n}2\pi}\right) + 1 \\
&= x^2 - x\left(e^{i\frac{k}{n}2\pi} + e^{i2\pi - i\frac{k}{n}2\pi}\right) + 1 \\
&= x^2 - x\left(e^{i\frac{k}{n}2\pi} + e^{i2\pi} \cdot e^{-i\frac{k}{n}2\pi}\right) + 1 \\
&= x^2 - x\left(e^{i\frac{k}{n}2\pi} + e^{-i\frac{k}{n}2\pi}\right) + 1 \\
&= x^2 - x\left(2\cos\left(\frac{k}{n}2\pi\right)\right) + 1 \\
&= x^2 - 2\cos\left(\frac{k}{n}2\pi\right)x + 1
\end{aligned}
\tag{60}
$$

Wir haben somit auf der rechten Seite der Gleichung (59) ein reeles Polynom.

Wir behaupten nun, dass reguläre n-Ecke von dem Polynom (59) annuliert werden.

Sei $A = (a_0, a_1, ..., a_{n-1})$ aus $\mathbb{R}[x]$ ein reguläres n-Eck. Wir betrachten drei aufeinanderfolgende Punkte von A nämlich a_i, a_{i+1} und a_{i+2}. Da A regulär ist, gilt für den Mittelpunkt m_i zwischen a_i und a_{i+2} wegen $|0, a_i| = |0, a_{i+1}|$:

$$m_i = \frac{1}{2}(a_i + a_{i+2}) = \cos\left(\frac{k}{n}2\pi\right) \cdot a_{i+1} \tag{61}$$

Umstellen nach a_{i+2} liefert die Gleichung (62):

$$a_{i+2} - 2\cos\left(\frac{k}{n}2\pi\right)a_{i+1} + a_i = 0 \tag{62}$$

Wenn wir Gleichung (62) für alle i = 0, 1, ..., n − 1 betrachten, folgt

$$(x^2 - 2\cos\left(\frac{k}{n}2\pi\right)x + 1)A = 0 \tag{63}$$

A wird also vom Polynom aus Gleichung (59) annuliert.

Wir definieren nun ein n-Eck $A' = (a'_0, a'_1, ..., a'_{n-1})$ aus $\mathbb{R}_n$ welches durch eine lineare Transformation, also durch eine Addition von einem trivialen n-Eck aus $\mathbb{R}_n$, aus A hervorgeht. Dann ist A' ein n-Eck, welches die selben linearen Beziehungen seiner Ecken zueinander aufweist wie

A. Es gilt also

$$m_i = \frac{1}{2}(a'_i + a'_{i+2}) = cos\left(\frac{k}{n}2\pi\right) \cdot a'_{i+1} \tag{64}$$

A' erfüllt also Gleichung (63). Das n-Eck A' ist aufgrund der eindeutigen Zuordnung $a_0 \mapsto a'_0$ eindeutig bestimmt. Zudem können wir zu jeder Transformation nur ein n-Eck A' finden.

Die von $(x^2 - cos\left(\frac{k}{n}2\pi\right)x + 1)$ annulierten n-Ecke sind also entweder regulär oder sie gehen durch Transformation aus einem regulären n-Eck hervor.

Wir haben n Primteiler in $\mathbb{R}$ von $(x^n - 1)$ gefunden und damit nach Satz 11 alle. □

Beispiel 10: Wir zerlegen das Polynom $x^4 - 1$ aus $\mathbb{R}[x]$ welches jedes Viereck annuliert in $\mathbb{R}$ in Primfaktoren.

$$x^4 - 1 = (x - 1)(x + 1)(x^2 + 1) \tag{65}$$

Daraus folgt, dass jedes Viereck $A \in \mathbb{R}_4$ die Darstellung A=(b,b,b,b)+(c,-c,c,-c)+(d,e,-d,-e) besitzt.

Wegen

$$(x - i)(x + i) = (x - w_1)(x - w_3) = x^2 - 2\cos\left(\frac{1}{4}2\pi\right) + 1 \tag{66}$$

folgt, dass der letzte Faktor $(x^2 + 1)$ ein Parallelogramm mit Schwerpunkt 0 annuliert,welches im Reelen unzerlegbar ist und durch eine lineare Transformation aus einem (regulären) Quadrat hervorgeht.

6 Der Propellersatz

Wir wollen uns nun einen bekannten Satz über gleichseitige Dreiecke ansehen, der auch unter dem Namen "Propellersatz" bekannt ist.

Satz 22 (Propellersatz): *Sind $A' = (0, a, a')$, $B' = (0, b, b')$ und $C' = (0, c, c')$ aus N_3 drei gleichseitige Dreiecke, welche ihre erste Ecke im Nullpunkt haben, so ist das aus den Mittelpunkten $\frac{1}{2}|a'b| = a''$, $\frac{1}{2}|b'c| = b''$ und $\frac{1}{2}|c'a| = c''$ gebildete Dreieck $A = (a'', a'', c'')$ ebenfalls gleichseitig (siehe Abb. 4).*

Der Propellersatz lässt sich bei einer beliebigen Anordnung der Dreiecke sowohl mit elementarer, linearer Geometrie als auch mit der vorgestellten n-Ecks Theorie nach Bachmann beweisen. Wir wollen uns beide Beweise ansehen. Dabei geht der elementare Beweis auf Martin Gardners Arbeit zurück.

Martin Gardner arbeitet in seinem Beweis mit dem Satz über die Mittelparallelen in einem Dreieck.

Lemma 2: *Sei $A = (a_0, a_1, a_2)$ aus N_3 ein Dreieck der euklidischen Ebene. Dann ist die Verbindungsstrecke der Mittelpunkte zweier Seiten parallel zur dritten Seite und halb so lang wie diese.*

Wir wollen uns nun zunächst den elementaren Beweis des Propellersatzes nach Martin Gardner ansehen.

Beweis Satz 22 (Lineare Algebra): Seien $A' = (0, a, a')$, $B' = (0, b, b')$ und $C' = (0, c, c')$ drei gleichseitige Dreiecke mit Seitenlänge s deren erster Eckpunkt im Nullpunkt liegt und seien $\frac{1}{2}|a'b| = a''$, $\frac{1}{2}|b'c| = b''$ und $\frac{1}{2}|c'a| = c''$ die Mittelpunkt der Seiten. Diese bilden das Dreieck $A = (a'', a'', c'')$. Wir bezeichnen die Winkel zwischen den Dreiecken mit $\sphericalangle b'0c = \alpha$, $\sphericalangle c'0a = \beta$ und $\sphericalangle a'0b = \gamma$.

Wir bilde die drei Dreieck (p,0,s), (p,r,a'') und (a'',t,s) wobei p der Mittelpunkt der Seite (b',0), r der Mittelpunkt der Seite (b,0), t der Mittelpunkt der Seite (a',0) und s der Mittelpunkt der Seite (a,0)

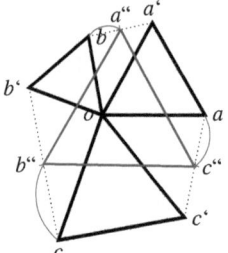

Abbildung 4: Propellersatz

ist. Dann sind die Seiten (s,t) und (p,r) jeweils die Mittelparallelen der Dreieck B' und A' und nach Lemma 2 somit $\frac{1}{2}s$ lang. Es gilt außerdem $\sphericalangle p0s = \sphericalangle pra'' = \sphericalangle a''ts = \gamma + 120°$. Die Dreiecke (p,0,s), (p,r,a'') und (a'',t,s) sind damit nach dem Kongruenzsatz SWS kongruent zueinander. Es folgt, dass das Dreieck (p,s,a'') gleichseitig ist.

Für den nächsten Schritt benötigen wir noch einen Ausdruck für die Winkel $\sphericalangle 0ps = \sphericalangle 0sp = \delta$. Es gilt:

$$\delta = \frac{1}{2}\left[180° - (120° + \gamma)\right] = \frac{1}{2}(60° - \gamma) \tag{67}$$

Wir betrachten nun die beiden Dreiecke (b'',p,a'') und (c'',s,a''). Diese sind ebenfalls kongruent, da die Seite (s,c'') die Mittelparallele des Dreiecks (0,c',a) und die Seite (p,b'') die Mittelparallele des Dreiecks (0,b',c) ist. Es gilt also $|pa''| = |a''s|$, da (p,s,a'') gleichseitig ist.

Es gilt außerdem:

$$\alpha + \beta + \gamma = 360° - 180° = 180°$$

$$\rightarrow 120° + 2 \cdot \delta - \alpha - \beta = 0$$

$$\rightarrow 240° + \delta - \alpha = 120° - \delta + \beta \tag{68}$$

$$\rightarrow 60 + \delta + (180° - \alpha) = 360° - [60° + \delta + (180° - \beta)]$$

$$\rightarrow \sphericalangle b\text{``}pa\text{``} = \sphericalangle c\text{``}sa\text{``}$$

Aus der Kongruenz von (b",p,a") und (c",s,a") folgt $|b\text{``}a\text{``}| = |c\text{``}a\text{``}|$. Die Gleichheit für $|b\text{``}a\text{``}|$ und $|b\text{``}c\text{``}|$ folgt analog. Damit ist bewiesen, dass das Dreieck A $= (a\text{``}, b\text{``}, c\text{``})$ gleichseitig ist. □

Dieser Beweis lässt sich mithilfe der Theorie nach Friedrich Bachmann wie folgt vereinfachen.

Beweis Satz 22: Wir benutzen die Abbildung 4. Seien A = (0,a,a'), B = (0,b,b') und C = (0,c,c') drei gleichseitige Dreieck.

Aus den Voraussetzungen folgt, dass sich das Dreieck D = (a, b, c) durch eine 60°- Drehung um den Ursprung in D' = (a', b', c') überführen lässt. Es gilt also nach Definition 14: $a' = \omega_{1,6}a = e^{\frac{1}{6}2\pi i}a$. Wir haben jetzt mit $e^{\frac{1}{6}2\pi i}$ nach Bemerkung 10 einen Faktor drin, der eher für Sechsecke geeignet ist. Den wollen wir ersetzten durch

$$\omega_{1,6} = \cos\left(\frac{\pi}{3}\right) + i \sin\left(\frac{\pi}{3}\right) = -\cos\left(\frac{4\pi}{3}\right) - i \sin\left(\frac{4\pi}{3}\right) = -\omega_{2,3} \tag{69}$$

Es gilt nun also $a' = -\omega_{2,3}a$. Unter Beachtung der Gleichung $xD = (b, c, a)$ folgt damit

$$A = \frac{1}{2} \cdot (xD + D') = \frac{1}{2} \cdot (b - \omega_2 a, c - \omega_2 b, a - \omega_2 c) = \frac{1}{2} \cdot (x - \omega_2)D \tag{70}$$

Wir zeigen nun, dass A durch das Polynom $(x - 1)(x - \omega_1)$ annulliert wird

$$(x - 1)(x - \omega_1)A$$

$$= \frac{1}{2}(x - 1)(x - \omega_1)(x - \omega_2)D$$

$$= \frac{1}{2}(x^3 - x^2 - \omega_1 x^2 + \omega_1 x - \omega_2 x^2 + \omega_2 x + \omega_1 \omega_2 x - \omega_1 \omega_2)D \tag{71}$$

$$= \frac{1}{2}(x^3 - 1)D = 0$$

Aus der letzten Folgerung schließen wir mit dem Zerlegungssatz und Satz 19, dass $A = T_A + A°$, dabei ist $A°$ ein reguläres Dreieck, da das Polynom (x-1) ein Translations-n-Eck T_A und das Polynom $(x - \omega_1)$ nach Satz 19 und Bemerkung 10 ein reguläres n-Eck $A°$ annulieren. Damit setzt sich A aus einem regulären Dreieck mit Schwerpunkt 0, welches um das Translations-n-Eck T_A verschoben wurde, zusammen und ist somit selbst ein reguläres, und damit insbesondere gleichseitiges, Dreieck.

□

7 Die Viereckstheoreme

Auch bei dem nun zu betrachtenden Viereckstheorem wollen wir uns einen elementaren Beweis nach

M. Jeger anschauen und uns erst dann dem Beweis über Primfaktorzerlegung zuwenden.

Satz 23: *Werden über den Seiten eines Vierecks* $A = (a_0, a_1, a_2, a_3)$ *aus* N_4 *Quadrate errichtet, dann definieren die erhaltenen Quadratmittelpunkte ein Viereck* $B = (b_0, b_1, b_2, b_3)$ *aus* N_4, *dessen Diagonalen gleichlang sind und aufeinander senkrecht stehen.*

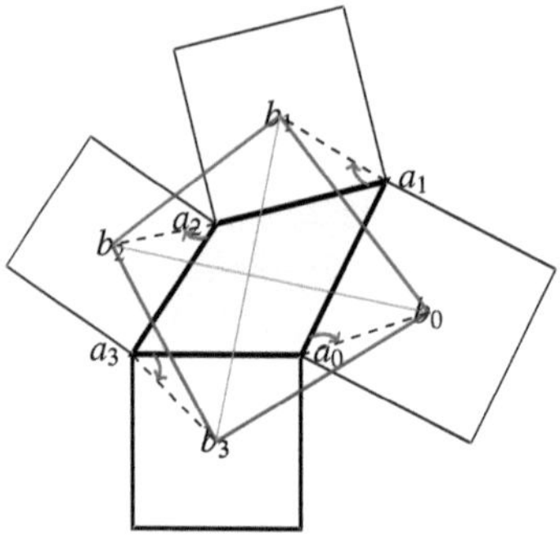

Abbildung 5: Vierecks-Theoreme

Beweis Satz 23 (Lineare Algebra): Sei $A = (a_0, a_1, a_2, a_3)$ aus der Menge N_4 ein beliebiges Viereck über dessen Seiten jeweils Quadrate errichtet werden (siehe Abb. 5). Dann ergeben sich die Quadratmittelpunkt $b_0, b_1, b_2, b_3 \in N_1$ aus einer Streckdrehung der Seitenvektoren von A mit dem Drehwinkel $\frac{\pi}{4}$ und dem Streckfaktor r = $\frac{\sqrt{2}}{2}$. Aus diesen Parametern bilden wir die komplexe Zahl

$$h = \frac{1}{2}\sqrt{2} \cdot e^{i\frac{\pi}{4}} = \frac{1}{2}(1 + i) \in \mathbb{C} \tag{72}$$

Wir setzten $\bar{h} = \frac{1}{2} - i$ als die zu h komplex konjugierte Zahl.

Mit den Rechenregeln im Komplexen folgt dann

$$\begin{aligned} h + \bar{h} = 1 \qquad & i\bar{h} = h \\ ih = \bar{h} \qquad & 1 - 2h = -i \end{aligned} \tag{73}$$

Es kann nun gezeigt werden, das die beiden Diagonalen (b_0, b_2) und $(b_1, b_3) \in N_2$ nur durch eine 90°-Drehung auseinander hervorgehen, also gleichlang sind und senkrecht aufeinander stehen. Es gilt zunächst

$$\begin{aligned} b_0 = a_0 + h(a_1 - a_0) \qquad & b_1 = a_1 + h(a_2 - a_1) \\ b_2 = a_2 + h(a_3 - a_2) \qquad & b_3 = a_3 + h(a_0 - a_3) \end{aligned} \tag{74}$$

Daraus folgen zwei Beziehungen

$$\begin{aligned} b_0 - b_2 &= a_0 - a_2 + h(a_1 - a_0 - a_3 + a_2) \\ &= ha_1 - (1 - h)a_2 - ha_3 + (1 - h)a_0 \\ &= ha_1 - \bar{h}a_2 - ha_3 + \bar{h}a_0 \\ b_1 - b_3 &= a_1 - a_3 + h(a_2 - a_1 - a_0 + a_3) \\ &= (1 - h)a_1 + ha_2 - (1 - h)a_3 - ha_0 \\ &= \bar{h}a_1 + ha_2 - \bar{h}a_3 - ha_0 \end{aligned} \tag{75}$$

Es ergibt sich damit dann die endgültige Gleichung

$$i(b_1 - b_3) = i\bar{h}a_1 + iha_2 - i\bar{h}a_3 - iha_0 = ha_1 - \bar{h}a_2 - ha_3 + \bar{h}a_0 = b_0 - b_2 \tag{76}$$

Nach Definition 15 ergibt sich, dass eine Multiplikation des Vektors $(b_1 - b_3)$ mit dem Faktor i einer Drehung um den Winkel $\frac{\pi}{2} = 90°$ entspricht. Ebenfalls nach Definition 15 ergibt sich, dass der Vektor nicht gestreckt oder gestaucht wurde. Es folgt also die Behauptung. □

Wir betrachten nun den Beweis von Satz 23 mit der n-Ecks Theorie nach Bachmann.

Beweis Satz 23: Das gegebene Viereck sei $A = (a_0, a_1, a_2, a_3)$ aus der Menge N_4. Die konstruierten Quadrate seien nach außen gerichtet. Sei $B = (b_0, b_1, b_2, b_3) \in N_4$ das Viereck der Mittelpunkte. Dann werden die Verbindungsvektoren der Ecken von A und B durch Drehstreckungen der Seitenvektoren von A erhalten. Dabei kürzen wir jeden Vektor auf $\frac{\sqrt{2}}{2}$ seiner Länge und drehen ihn um $-45°$. Das Viereck der Verbindungsvektoren ergibt sich also nach Definition 16 als

$$B - A = \left(\cos\left(-\frac{\pi}{4}\right) + i\sin\left(-\frac{\pi}{4}\right)\right) \cdot \left(\frac{\sqrt{2}}{2}\right)(x-1)A = e^{-i2\pi\frac{\pi}{4}}\left(\frac{\sqrt{2}}{2}\right)(x-1)A \qquad (77)$$

Kürzer kann man durch umstellen auch schreiben:

$$\begin{aligned}
B &= \left[\cos\left(-\frac{\pi}{4}\right) + i\sin\left(-\frac{\pi}{4}\right)\right] \cdot \left(\frac{\sqrt{2}}{2}\right)(x-1)A + A \\
&= \left(\frac{\sqrt{2}}{2} + i\left(-\frac{\sqrt{2}}{2}\right)\right) \cdot \left(\frac{\sqrt{2}}{2}\right)(x-1)A + A \\
&= \left(\frac{1}{2} - i\frac{1}{2}\right)(xA - A) + A \\
&= \frac{1}{2}xA - i\frac{1}{2}xA - \frac{1}{2}A + i\frac{1}{2}A + A \\
&= \frac{1}{2}xA - i\frac{1}{2}xA + \frac{1}{2}A + i\frac{1}{2}A \\
&= \frac{1}{2}A \cdot (x - ix - 1 + i) \\
&= \frac{1}{2}A[(1-i)x + (1+i)]
\end{aligned} \qquad (78)$$

Das Viereck der Diagonalen von B sei C aus N_4 und kann nun also dargestellt werden als:

$$\begin{aligned}
C &= (x^2 - 1)B \\
&= (x^2 - 1)\frac{1}{2}[(1-i)x + (1+i)]A \\
&= \frac{1}{2}[(1-i)x^3 + (1+i)x^2 - (1-i)x - (1+i)]A
\end{aligned} \qquad (79)$$

Multiplizieren wir C mit $x - \omega_{1,4} = x - e^{\frac{1}{4}2\pi i} = x - i$, so folgt:

$$\begin{aligned}
(x-i)C &= \frac{1}{2}(x-i)[(1-i)x^3 + (1+i)x^2 - (1-i)x - (1+i)]A \\
&= \frac{1}{2}[(1-i)x^4 - (1-i)]A = \frac{1}{2} \cdot (1-i)(x^4 - 1)A = 0
\end{aligned} \qquad (80)$$

Damit ist gezeigt, dass es sich bei C um ein reguläres Viereck handelt, das den Schwerpunkt 0 hat. Das Diagonalenviereck ist also ein Quadrat, was zeigt, dass zwei benachbarte Diagonalenvektoren von B gleichlang sind und senkrecht aufeinander stehen. □

Ein weiteres Vierecks-Theorem, welches sich mit der vorgestellten Theorie beweisen lässt, ist das Folgende:

Satz 24: *In jedem Viereck aus der Menge N_4 bilden die Mittelpunkte der Seiten ein Parallelogramm.*

Beweis: Sei $A = (a_0, a_1, a_2, a_3)$ ein beliebiges Viereck aus der Menge N_4. Dann sind dessen

Seitenmitten und das zugehörige Seitenmittenviereck A° definiert als:

$$A^\circ = \left(\frac{1}{2}(a_1 + a_2), \frac{1}{2}(a_2 + a_3), \frac{1}{2}(a_3 + a_4), \frac{1}{2}(a_4 + a_1)\right) = (a_0^\circ, a_1^\circ, a_2^\circ, a_3^\circ) \tag{81}$$

Nach der Definition eines Parallelogramms in Abschnitt 2.3.1 müssen wir nachweisen, dass $(a_0^\circ - a_1^\circ) + (a_2^\circ - a_3^\circ) = 0$ gilt. Dies gilt, wegen

$$\left[\left(\frac{1}{2}(a_1 + a_2)\right) - \left(\frac{1}{2}(a_2 + a_3)\right)\right] + \left[\left(\frac{1}{2}(a_3 + a_4)\right) - \left(\frac{1}{2}(a_4 + a_1)\right)\right]$$

$$= \frac{1}{2}\left[(a_1 + a_2) - (a_2 + a_3) + (a_3 + a_4) - (a_4 + a_1)\right] \tag{82}$$

$$= \frac{1}{2}(a_1 + a_2 - a_2 - a_3 + a_3 + a_4 - a_4 - a_1) = \frac{1}{2} \cdot 0 = 0$$

$\square$

8 Ergebnisse

Wir haben uns auf den letzten 30 Seiten intensiv mit der n-Ecks Theorie nach Friedrich Bachmann beschäftigt. Wir haben zunächst gesehen, dass sich n-Ecke in zyklische Klassen einteilen lassen und dass diese sich wiederum durch zyklische Abbildungen beschreiben lassen. Wir haben verschiedene zyklische Klassen und Abbildungen kennengelernt. Diese zyklischen Abbildungen beschreiben die n-Ecke nicht nur, sondern wir können Polynome finden, die eine zyklische Klasse von n-Ecken annulieren, also auf 0 abbilden.

Insbesondere haben wir uns mit dem Annulator aller n-Ecke ($x^n - 1$) beschäftigt. Ein Ziel dieser Arbeit war es, komplizierte zyklische Klassen von n-Ecke auf atomare Klassen zurückzuführen und in diese zu zerlegen. Dies ist insbesondere in Abschnitt 4 geschehen. Wir haben bewiesen, dass die atomaren Klassen durch die Primteiler des Annulators ($x^n - 1$) erzeugt werden.

Friedrich Bachmann wollte mit seiner Arbeit einen Beitrag dazu leisten, die komplexe Geometrie im Schulunterricht behandeln zu können. Er reduzierte dafür die Beweise der Linearen Algebra auf zwei in der Schule behandelte Themen, die Polynomzerlegung und das Lösen linearer Gleichungen. Wir haben in den letzten beiden Abschnitten einen Vergleich zwischen den Beweisen der Linearen Algebra und den Beweisen der Theorie Bachmanns gezogen und können nach den gemachten Untersuchungen sagen, dass Bachmann sein Ziel erreicht hat.

9 Danksagung

Ich danke Herrn Dr. Klein für die Übernahme der Erstkorrektur und die intensive Betreuung während der Bearbeitungszeit dieser Arbeit. Ich danke ihm für die entspannte Zusammenarbeit und die Bereitstellung eines Themas. Außerdem bedanke ich mich für die konstruktiven Hinweise und Hilfestellungen.

Ich danke Herrn Prof. Dr. Heber für die Übernahme der Zweitkorrektur und die schnelle, problemlose Kommunikation.

Ich danke besonders meiner Familie und meinen Freunden, die mich nicht nur während der Bearbeitungszeit unterstützen, mir Mut zu sprechen und mir stets mit Rat und Tat zur Seite stehen, sondern diese verantwortungsvolle Aufgabe jederzeit meistern. Ihnen habe ich die zeitintensive und erfolgreiche Bearbeitung des Themas zu verdanken.

10 Literaturverzeichnis

[1] Bachmann, F., Schmidt, E.: „n-Ecke", Hochschultaschenbücher-Verlag, Bibliographisches Institut Mannheim: 1970.

[2] Gardner, M.: „Plane geometry expert Leon Bankoff's discoveries about the asymmetric propeller theorem". In: *The College Mathematics Journal*. Vol 30, Nr. 1/1999. S.2-12.

[3] Jeger, M.: „Komplexe Zahlen in der Elementargeometrie". In: *Elemente der Mathematik. Zeitschrift zur Pflege der Mathematik und Förderung des mathematisch-physikalischen Unterrichts*. Vol. 37, Nr. 1/1982. S.136-147.

[4] Ruoff, D.: „Eine kleine n-Ecks-Lehre". In: *Elemente der Mathematik. Zeitschrift zur Pflege der Mathematik und zur Förderung des mathematisch-physikalischen Unterrichts*. Vol. 43, Nr. 5/1988. S.129-144.